Sana Masood
Razia Iqbal

Trypanosoma em caprinos

Sana Masood
Razia Iqbal

Trypanosoma em caprinos

Prevalência de Trypanosoma spp. em caprinos do distrito de Sialkot, Punjab, Paquistão

ScienciaScripts

Imprint

Cover image: www.ingimage.com

This book is a translation from the original published under ISBN 978-3-659-80585-1.

Publisher:
Sciencia Scripts
is a trademark of
Dodo Books Indian Ocean Ltd. and OmniScriptum S.R.L publishing group

120 High Road, East Finchley, London, N2 9ED, United Kingdom
Str. Armeneasca 28/1, office 1, Chisinau MD-2012, Republic of Moldova, Europe
Printed at: see last page
ISBN: 978-620-8-07677-1

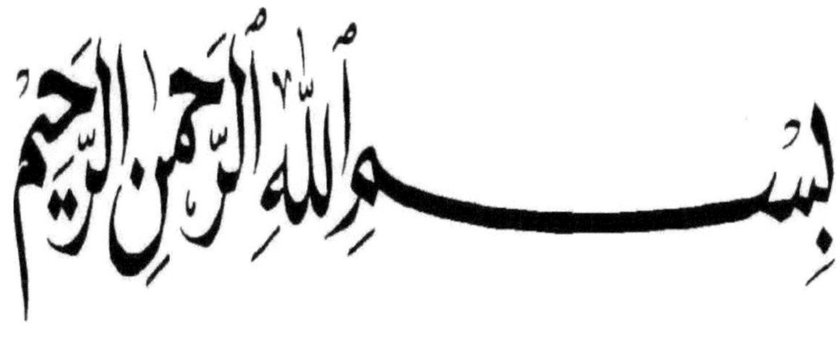

Em nome de Deus, o Clemente, o Misericordioso.

"Ó Alá, peço-te orientação, justiça, abstinência e auto -suficiência."

[Sahih Muslim 2721]

ÍNDICE

AGRADECIMENTOS

Em nome de Deus, o Clemente e o Misericordioso

Alhamdulillah, todos os louvores a **Alá** pela força e pela Sua bênção na conclusão desta tese. Um agradecimento especial à minha orientadora, **Dra. Razia Iqbal,** pela sua supervisão e apoio constante. A sua inestimável ajuda com comentários construtivos e sugestões ao longo dos trabalhos experimentais e da tese contribuíram para o sucesso desta investigação.

Gostaria de agradecer a todos os professores do Departamento de Zoologia pelo seu comportamento sempre prestável. Um agradecimento especial a **Sir Majid Sajeel** pela sua assistência técnica e cooperação.

Os meus sinceros agradecimentos a todos os meus amigos, especialmente a **Iqra Hashmat**, **Sadia Kanwal** e outros, pela sua bondade e apoio moral durante os meus estudos. Obrigada pela amizade e pelas óptimas recordações. O meu reconhecimento vai também para os outros bolseiros de investigação.

A minha mais profunda gratidão aos meus queridos pais, **Masood Ahmed Khokhar** e **Aasiya Masood**, bem como às minhas irmãs e irmãos, **Ayesha Masood, Saba Masood, Hina Masood** e **Abdullah Masood**, pelo seu amor, orações e encorajamento sem fim. Para aqueles que contribuíram indiretamente para esta investigação, a vossa bondade significa muito para mim. Muito obrigado.

SANA MASOOD

DEDICAÇÃO

Dedico este pequeno esforço a

*A minha querida mãe "**Aasiya Masood**"*

&

*O meu querido pai "**Masood Ahmed Khokhar**"*

O seu imenso amor, cuidado, afeto e muitas orações tornaram-me capaz de cumprir este esforço.

CAPÍTULO-1

INTRODUÇÃO

Os caprinos são parte importante e integrante da agricultura rural nas zonas agrícolas marginais do Paquistão. As cabras e as ovelhas são consideradas como a principal fonte animal do país. A carne de carneiro é a carne preferida no Paquistão, especialmente em festivais islâmicos e noutras ocasiões (Raza *et al.*, 2009).

As ovelhas e as cabras são os primeiros ruminantes a serem domesticados. Suportam melhor um período de seca do que qualquer outro animal. Podem utilizar as pastagens que não podem ser utilizadas por outros animais. As cabras podem sobreviver em condições em que a disponibilidade de forragem é limitada. Também podem suportar a escassez de água (Al-Khalifa *et al.*, 2009).

Parasitas são os organismos que vivem dentro ou sobre outro organismo (hospedeiro) e que, em última análise, obtêm vantagens do hospedeiro. Podem ser parasitas internos ou externos. Os parasitas externos obtêm a sua nutrição do exterior da pele do hospedeiro, enquanto os parasitas internos vivem no interior do hospedeiro e aí obtêm a sua nutrição. Os parasitas internos incluem coccídios, vermes e parasitas do sangue (Islam *et al.*, 2008).

Trypanosoma spp. é um parasita interno do sangue de muitos organismos e afecta um grande número de animais domésticos na Ásia, África e América Central e do Sul. Causam uma série de doenças como parasitemia, anemia progressiva, febre, tripanossomíase e até mesmo aborto foi observado em alguns ruminantes. Mas cada espécie de *Trypanosoma* causa uma doença distinta. (Nakayima *et al.*, 2012).

O género *Trypanosoma* pertence aos protozoários flagelados parasitas e tem muitas espécies, como *T. evansi, T. brucei, T. cruzi*, etc. Estes protozoários necessitam de um vetor para serem transmitidos a outros organismos. Os tripanossomas habitam o plasma sanguíneo, a linfa e vários tecidos dos seus hospedeiros. O género *Trypanosoma* pertence ao ramo dos protozoários, à ordem Kinetoplastida e à família Trypansomatidae (Ahmadu *et al.*, 2002).

Os tripanossomas afectam muitos vertebrados como o gado bovino, ovino, caprino e outros animais de criação. Também causam doença no ser humano, conhecida como "doença do sono". O vetor de transmissão deste protozoário pode ser a mosca tsé-tsé, carraças ou qualquer outro inseto ou artrópode. Quando qualquer um destes vectores portadores pica um vertebrado, este contrai a doença (Specht *et al.,* 1982).

Em muitas áreas do mundo onde a tripanossomíase foi detectada e está a ser estudada. Verifica-se que o vetor mais comum de transmissão dos tripanossomas é a mosca tsé-tsé. As moscas tsé-tsé são quase adaptáveis a todos os tipos de ambiente, exceto a condições de frio extremo. Estas moscas são o principal fator pelo qual o gado está a ser afetado em muitas partes do mundo (Kebede *et al.,* 2009).

Existem muitas técnicas através das quais se pode detetar a presença de parasitas do sangue, ou seja, tripanossomas. Estas incluem métodos serológicos - testes ELISA e IFAT, PCR, técnica de centrifugação de hematócrito, técnica de Woo, métodos de coloração ou microscópicos, técnica de Buffy coat ou técnica de Murray e propagação parasitária (Kalu *et al.,* 1986).

Os parâmetros hematológicos também se alteram quando um animal contrai tripanossomíase. Os glóbulos vermelhos (RBC), a hemoglobina (Hb), os glóbulos brancos (WBC) e outros factores são muito afectados. A anemia é o sinal mais comum da tripanossomíase nos caprinos e noutros ruminantes (Anosa, 1976).

As mudanças de estação, a abundância relativa e a prevalência são os factores-chave para controlar eficazmente qualquer doença parasitária. No entanto, na maior parte das regiões do Paquistão não foi efectuado qualquer estudo sobre a prevalência de parasitas do sangue de pequenos ruminantes. Por conseguinte, o presente estudo teve por objetivo investigar a prevalência de parasitas sanguíneos i. e. tripanossomas em caprinos do distrito de Sialkot.

1.1 Objectivos

1. Verificar a prevalência de espécies de *Trypanosoma* em caprinos do distrito de Sialkot.

2. Comparar a contagem sanguínea de cabras normais e de cabras afectadas por espécies de *Trypanosoma.*

CAPÍTULO 2

REVISÃO DA LITERATURA

2.1 Prevalência de tripanossomas em diferentes efectivos pecuários

Foi concebido um estudo no nordeste de Kwazulu-Natal, na África do Sul, para verificar a prevalência de *Trypanosoma* em pequenos ruminantes através da utilização de ensaios ELISA. Foi recolhido um total de 231 amostras de soro de ovinos (n=9), caprinos (n=99) e bovinos (n=123). A infeção por tripanossomas foi detectada por ensaios ELISA utilizando antigénios de duas espécies de tripanossomas. A prevalência registada por este método foi de 46,3% em bovinos, 9,1% em caprinos e 44,4% em ovinos (Nguyen *et al.,* 2015).

A tripanossomíase animal causa uma grave perda na qualidade do gado. Foi concebido um estudo para verificar a prevalência da tripanossomíase em cabras abatidas no matadouro de Tudun Wada, em Kuduna, na Nigéria. Foram examinadas 96 amostras utilizando o método padrão de deteção de tripanossomas (STDM). A prevalência registada por este método foi de 15,6%. Os resultados indicaram que a tripanossomíase é a causa da diminuição da qualidade do efetivo pecuário na Nigéria (Andrew *et al.,* 2015).

Foi efectuada uma investigação recente para verificar a prevalência da tripanossomíase em bovinos, caprinos e suínos. O estudo foi realizado em vários distritos do Uganda, na África Oriental. A prevalência global da tripanossomíase nos bovinos foi de 7,6% (144/1.891), 0,7% nos caprinos (4/573) e 2,3% nos suínos (9/386). A presença de tripanossomas foi detectada pela técnica de Buffy coat (Biryomumaisho *et al.,* 2013).

As cabras são a fonte básica de rendimento de muitos lares da Nigéria, pois são a melhor fonte de proteínas animais. Foi realizado um estudo entre setembro e outubro de 2010 no matadouro de Ikpa, em Nsukka, no Estado de Enugu, na Nigéria. A perturbação na produção de caprinos na Nigéria deve-se principalmente à mosca tsé-tsé, que é o principal vetor de tripanossomas. Foram amostrados 106 caprinos, dos quais 15% eram positivos para esta infeção por tripanossomas (Chinyere *et al.,* 2013).

Simo concebeu um estudo para compreender a transferência e a caraterização genética do *Trypanosoma congolense* em animais de Fontem, na região sudoeste dos Camarões. Foram investigadas duas espécies de *T. congolense* em 397 animais domésticos de oito aldeias. Destes 397 animais, 86 (21,7%) estavam infectados com tripanossomas. Esta prevalência foi registada pelo teste de centrifugação em tubo capilar. Quando a PCR foi aplicada às mesmas amostras, 61% estavam infectados com tripanossomas. Verificou-se que a prevalência de tripanossomas variava significativamente na mesma aldeia (Simo *et al.*, 2013).

Os parasitas do sangue causam graves perdas de produção no gado. Foi realizado um estudo baseado na PCR em diferentes províncias do Vietname. Foram extraídas 423 amostras de ADN de amostras de sangue de cabras (n= 127), ovelhas (n=51), bovinos (n=202) e búfalos (n=43) em duas províncias do Vietname. Os resultados foram que toda a população bovina era positiva para muitos parasitas do sangue. Nem sequer uma única cabra estava infetada com qualquer espécie de *Trypanosoma* (Sivakumar *et al.*, 2013).

Muitas espécies de *Trypanosoma* em África causam graves distúrbios no sistema reprodutivo de machos e fêmeas de gado. Foi realizado um estudo para verificar as alterações no sistema reprodutivo do gado de áreas semiáridas do Brasil. Muitos bovinos, ovinos e caprinos de regiões semiáridas do nordeste brasileiro sofreram muitas alterações na fisiologia reprodutiva após contraírem a doença Tripanossomíase. A redução das taxas de fertilidade e a degeneração testicular grave foram observadas em animais de África. Também foi observado que as fêmeas dessas áreas também sofreram muitas alterações foliculares em seu sistema reprodutivo (Rodrigues *et al.*, 2013).

2.2 Diferentes espécies de tripanossomas

O Trypanosoma evansi é o agente causador de uma doença (surra) nos animais. Esta doença foi diagnosticada pela primeira vez nas Ilhas Canárias, em camelos, em 1997. Depois disso, foi realizado um estudo nas Ilhas Canárias, em Espanha, para verificar o mesmo tripanossoma em pequenos ruminantes desta região. Um total de 1228 ruminantes foram examinados através de testes serológicos, parasitológicos e outros testes moleculares. Dos 1228 ruminantes, apenas 61 (5%) eram serologicamente positivos (7 bovinos, 21 caprinos e 33 ovinos) (Rodriguez *et al.*, 2012).

Foi efectuada uma investigação para verificar a prevalência da tripanossomíase em caprinos da área governamental local de Kachia, no Estado de Kaduna, na Nigéria. Foram amostrados aleatoriamente 65 animais e as amostras de sangue foram recolhidas da veia jugular e armazenadas em tubos de recolha de sangue heparinizados. Foram aplicados métodos microscópicos a estas amostras. A taxa de infeção registada foi de 29,2%. Depois disso, concluiu-se que muitas moscas que picam causam a doença tripanossomíase. Os animais que foram infectados sofreram muitas alterações fisiológicas (Samdi *et al.*, 2012).

Em 2012, foi formulado um estudo para melhorar o conhecimento da transmissão de tripanossomas. O principal objetivo deste estudo era conhecer a caraterização genética entre os animais domésticos dos Camarões. Foram amostrados cerca de 397 animais, incluindo 225 porcos, 87 cabras, 65 ovelhas e 20 cabras. 254 (68,98%) foram positivos para o teste de aglutinação em cartão (CAT), enquanto 86 (21,66%) revelaram a infeção por tripanossomas como resultado de exames parasitológicos (Simo *et al.*, 2012).

O Trypanosoma brucei gambiense causa a doença do sono humana e pode ser transmitido por animais. O noroeste do Uganda é endémico para esta espécie de *Trypanosoma.* Foi efectuado um estudo no Uganda para saber se os animais domésticos são ou não reservatórios desta espécie de *Trypanosoma.* Foram recolhidas 3267 amostras de sangue de quatro países e examinadas pela técnica de centrifugação de hematócrito (HCT). Dos 3267 animais, 210 (6,4%) eram positivos para tripanossomas. Apenas 0,2% das cabras foram afectadas por tripanossomas (Balyeidhusa *et al.*, 2012).

Nimpaye realizou uma investigação nos Camarões para compreender a epidemiologia da tripanossomíase humana e animal. Para o efeito, foi examinada a prevalência de tripanossomas em muitos animais domésticos. Foram recolhidas amostras de 875 animais domésticos, incluindo 264 cabras, 267 ovelhas, 37 cães e 307 porcos. O método utilizado para detetar tripanossomas nestes animais foi a PCR. Dos 875 animais domésticos, 237 estavam infectados com diferentes espécies de tripanossomas (Nimpaye *et al.*, 2011).

Galizaa relatou um surto de pesquisa causado por infeção por tripanossoma em ovelhas peludas brasileiras em uma fazenda no estado da Paraíba. Dos 306 ovinos, 240 apresentaram sinais clínicos e 216 morreram. Os sinais clínicos incluíam letargia, anorexia, anemia, perda de peso, edema submandibular, pelagem áspera, aborto e, em alguns casos, recumbência lateral, movimentos de remada e tremores musculares e sinais neurológicos, como pressão na cabeça. A prevalência foi observada nestes ovinos utilizando PCR e outros métodos de diagnóstico sanguíneo (Galizaa *et al.*, 2011).

Na Arábia Saudita, foi efectuada uma investigação para verificar a presença de parasitas sanguíneos no gado. Foram recolhidas amostras de sangue de camelos, ovinos, caprinos e bovinos de seis regiões da Arábia Saudita. Apenas os camelos de uma região estavam infectados com tripanossomas. Todos os animais foram afectados por outros parasitas do sangue, mas nem uma única cabra foi afetada por tripanossomas (Al-Khalifa *et al.*, 2009).

2.3 Diferentes técnicas de deteção de tripanossomas

Batista *et al.* desenharam um estudo para conhecer o papel do *Trypanosoma* nos abortos e mortalidade de caprinos e ovinos no semiárido brasileiro. Para o experimento, 177 caprinos e 248 ovinos foram amostrados em um estado do Brasil em maio e outubro de 2008. Cerca de 25% dos animais de ambas as pesquisas apresentaram gânglios linfáticos aumentados, fraqueza, perda de peso, opacidade da córnea, cegueira, aborto e membranas mucosas pálidas. Os métodos utilizados para este efeito foram a técnica de Buffy coat (BCT) e a PCR (Batista *et al.*, 2009).

Para demonstrar a utilização da reação em cadeia da polimerase (PCR) na deteção do T.evansi em caprinos infectados experimentalmente, foi realizado um estudo de investigação. Neste estudo também foi feita uma comparação com outras técnicas, tais como: película de sangue húmido (WTF), técnica da pelagem leucocitária (BCT), inoculação no rato (MI) e os testes serológicos de diagnóstico (teste de aglutinação em cartão *do Trypanosoma* CATT). Para o efeito, foram selecionadas cerca de 10 cabras adultas. Após a infeção dos animais, foram colhidas amostras de sangue para diferentes análises. Os resultados mostraram que a PCR é o método de deteção mais elevado (93,8%), CATT (60) %, MI (55,4%), BCT (18,5%) e WBF (13,8%) (El-Metanawey *et al*, 2009).

As moscas tsé-tsé são o vetor importante da tripanossomíase. Causam graves perturbações na economia. Foi efectuado um estudo para verificar a prevalência da tripanossomíase em cabras e ovelhas do distrito de Guangua, no noroeste da Etiópia. Para o efeito, foi colhido sangue em tubos com EDTA de 600 ovelhas e 1.810 cabras. Os esfregaços espessos e finos foram corados com Giemsa e observados ao microscópio ótico. Foram observados tripanossomas em 8,6% dos ovinos e 4,1% dos caprinos (Kebede *et al.*, 2009).

A prevalência da infeção por tripanossomas em ovinos, caprinos e gado comercial foi testada no sangue destes animais abatidos no matadouro de Kaduna. Para verificar a prevalência de tripanossomas, foram aplicadas várias técnicas, tais como películas de sangue espessas e finas, técnica de Buffy coat e técnicas de centrifugação. No total, foram examinados 300 ovinos, 300 caprinos e 300 bovinos para este efeito e a prevalência foi de 3,33%, 4,67% e 5,00%, respetivamente (Ezebuiro *et al.*, 2008).

Na Zâmbia, África Austral, foi efectuado um estudo para ilustrar a prevalência de tripanossomas em caprinos. As amostras foram recolhidas em dois distritos da Zâmbia. De um total de 86 cabras amostradas, 17 mostraram a prevalência de diferentes tripanossomas spp. A técnica PCR foi utilizada para detetar tripanossomas no sangue destas cabras (Mekata *et al.*, 2008).

Em 2008, foi realizado um estudo na zona de Chiawa, no Baixo Zambeze, na Zâmbia, para detetar o tripanossoma em moscas tsé-tsé capturadas no terreno e identificar as espécies hospedeiras de que estas moscas se alimentavam. O método utilizado baseou-se na reação em cadeia da polimerase (PCR). Os resultados revelaram que muitas moscas eram positivas para tripanossomas. A fim de verificar a prevalência do tripanossoma no hospedeiro animal, foram colhidas aleatoriamente 86 amostras de cabras de 6 rebanhos. Entre elas, 36 (41,9%) cabras foram positivas para a mesma espécie de tripanossoma que foi examinada nas moscas (Konnai *et al.,* 2008).

Num outro estudo, procurou-se determinar e comparar a prevalência da infeção por tripanossomas. Este estudo foi efectuado na província oriental da Zâmbia, nos distritos de Katete e Petauke. Foi colhido sangue de 333 cabras, 734 bovinos e 324 suínos provenientes de 59 aldeias. Utilizando a técnica microscópica, a infeção foi detectada em 13,5% dos bovinos e 0,9% dos suínos. Todas as cabras eram parasitologicamente negativas para a infeção por tripanossomas (Simukoko *et al.,* 2007).

Sinshaw e os seus colegas conceberam um inquérito em três distritos principais que confinam com o Lago Tana, na Etiópia, para verificar a infeção por tripanossomas em bovinos e pequenos ruminantes. Foram colhidas amostras de cerca de 1509 bovinos e 798 pequenos ruminantes nestes três distritos. As amostras foram examinadas utilizando a técnica da pelagem leitosa (BCT). Os resultados indicaram a presença de tripanossomas em 6,1% (92/1509) dos bovinos, apenas uma ovelha (1/122) e uma cabra (1/676) foram positivas para T. vivax. Este estudo também revelou que existe uma diferença nas taxas de prevalência em cada estação do ano (Sinshaw *et al.*, 2006).

Em 2004, foi realizada uma investigação para avaliar a técnica de mini-centrifugação por troca aniónica (mAECT) em cabras infectadas das Ilhas Canárias, Espanha. 5 cabras adultas das Canárias foram inoculadas por via intravenosa com 1x105 T. evansi isoladas de camelos das mesmas ilhas. Como resultado, as cabras foram observadas para deteção de anticorpos específicos e de parasitas. Assim, ficou provado que o mAECT é mais sensível do que o esfregaço de sangue e o buffy coat, mas menos do que a inoculação no rato (Gutierrez *et al.*, 2004).

O estudo da prevalência da tripanossomíase em caprinos e ovinos do Quénia foi concebido em 2002. O principal objetivo do estudo era verificar o efeito da mosca tsé-tsé nos pequenos ruminantes. O estudo tinha também como objetivo a cura desta doença. Os resultados do estudo indicaram que a mosca tsé-tsé se alimenta facilmente de pequenos ruminantes e, em seguida, de animais mais susceptíveis à tripanossomíase. Estas cabras e ovelhas foram então vacinadas com diferentes vacinas para combater a doença (Masiga *et al.*, 2002).

Foi efectuado um inquérito de 12 meses no centro da Nigéria para verificar a prevalência da tripanossomíase em caprinos e ovinos. O principal vetor de transmissão da tripanossomíase é a mosca tsé-tsé. Foram analisados os dados de 239 cabras e 304 ovelhas, tendo-se registado uma taxa de prevalência total de 27,62%. Dos 239 caprinos, 14,23% estavam infectados com *Trypanosoma* e dos 304 ovinos, 38,16% estavam infectados. 49% das infecções eram devidas à espécie *Trypanosoma* vivax (Kalu *et al.*, 2001).

Witola e Lovelace planearam um estudo para a demonstração da eritrofagocitose em cabras da Zâmbia infectadas com tripanossomas. A anemia é o principal sinal clínico da tripanossomíase. Este estudo revelou a eritrofagocitose como a possível causa da anemia. Seis cabras foram inoculadas com *Trypanosoma* congolense patogénico por via intravenosa e outras seis foram mantidas como controlos. As cabras foram estudadas durante 10 semanas. Foram examinadas muitas células de eritrofagocitose, o que se deveu ao facto de os glóbulos vermelhos serem fagocitados por células mononucleares próprias (MNCs). Estes foram observados utilizando vários métodos microscópicos como esfregaços de sangue corados com Giemsa, etc. (Witola e Lovelace, 2001).

A interação entre *Trypanosoma* evansi e a infeção por Haemonchus contortus em cabras indianas foi observada em 2000. O H. contortus é também um parasita do sangue, tal como os tripanossomas. Para o efeito, 42 caprinos machos de 6-9 meses foram observados através de métodos parasitológicos de contagem de fezes e outros métodos microscópicos como a coloração e as técnicas de Buffy coat. O resultado destes métodos foi a conclusão de que a prevalência de T. evansi nos caprinos tinha reduzido a resistência normal ao H. contortus. Também se verificou que, quando estes dois parasitas causam a doença em simultâneo, a taxa de mortalidade é mais elevada e o efeito patológico é mais pronunciado nos caprinos (Sharma *et al.,* 2000).

Em 2000, foi efectuada uma investigação na Índia para observar as alterações hematológicas da tripanossomíase em cabras Barbari. Para o efeito, foram estudadas 12 cabras, divididas em dois grupos, A e B, oito animais infectados e quatro animais de controlo, respetivamente. Estas cabras foram alimentadas em condições específicas, sem pastar. Depois disso, o sangue de ambas as amostras foi examinado e verificou-se que as cabras infectadas sofreram uma diminuição da sua contagem sanguínea. Os resultados deste estudo revelaram que os animais afectados pela tripanossomíase sofrem de anemia (Sharma *et al.,* 2000).

Em 1998, foi efectuado um estudo sobre os matadouros de ovinos e caprinos na Gâmbia. No total, foram abatidos e amostrados 1248 caprinos e 438 ovinos, na sua maioria fêmeas jovens. Foram utilizados os métodos de esfregaço de sangue e de PCR para verificar a prevalência da tripanossomíase nos ovinos e caprinos amostrados. A prevalência registada foi de 49,5% nos caprinos e de 39% nos ovinos (Goossens *et al.,* 1998).

Foi realizado um estudo de diagnóstico no Gana para a deteção de espécies de *Trypanosoma* em bovinos, ovinos e caprinos utilizando o teste de aglutinação em látex. Após o teste, foram detectados antigénios em 180/422 (42,7%) dos bovinos, 27/131 (20,6%) dos ovinos e 14/79 (17,7%) dos caprinos. Após este teste, foi também realizado o teste ELISA, que deu mais ou menos os mesmos resultados, pois detectou antigénios de tripanossomas em 41,7% dos bovinos, 19,8% dos ovinos e 17,7% dos caprinos. Utilizando a técnica da camada leucocitária (BCT), foram detectados tripanossomas no sangue de 30 (7,2%) bovinos, 7 (5,3%) ovinos e 3 (3,8%) caprinos (Kayang *et al.,* 1997).

Para avaliar a PCR em cabras infectadas experimentalmente com *Trypanosoma* vivax, foram efectuadas experiências na Bélgica. Para o efeito, foram inoculadas experimentalmente seis cabras com um stock de Trypanosoma vivax. O exame de sangue foi efectuado semanalmente para verificar a parasitemia, utilizando a técnica do buffy coat e o exame da película de sangue húmido. A PCR foi utilizada para testar as amostras secas através do método de extração. Verificou-se que a PCR é um método mais sensível do que os métodos parasitológicos (De Almeida *et al.,* 1997).

Num estudo sobre tripanossomíase em caprinos, ovinos e suínos, as taxas de infeção foram de 8,8% em 204 caprinos, 32,4% em 68 suínos e 26,7% em 60 ovinos de todas as idades e sexos. Este estudo foi realizado na região de Buikwe, distrito de Mukono, no sudeste do

Uganda, entre abril e agosto (Katunguka-Rwakishaya, 1995).

Kalejaiye efectuou um estudo na Nigéria para verificar a prevalência do tripanossoma em caprinos e ovinos. Para o efeito, foram colhidas amostras de sangue num matadouro local quando os animais foram abatidos. No total, foram colhidas 482 amostras de cabras e 163 de ovelhas, que foram examinadas utilizando a técnica de centrifugação por película húmida e película fina corada, bem como o hematócrito. Também se determinou o volume de células compactadas. As taxas de prevalência registadas foram de 2,28% e 4,20% nos caprinos e ovinos, respetivamente (Kalejaiye *et al.,* 1995).

Durante os meses de abril a junho de 1991, foi realizado um estudo de investigação para verificar a prevalência da tripanossomíase em ovinos e caprinos do Norte da Nigéria. Um total de 615 animais, constituídos por 258 ovinos e 357 caprinos, foram examinados para detetar a infeção por tripanossomas. Deste total, 19 (7,4%) ovinos e 18 (5,0%) caprinos eram positivos para a infeção (Daniel *et al.,* 1993).

O Trypanosoma evansi é a principal causa de uma doença conhecida como surra nos camelos. As cabras e as ovelhas que vivem no mesmo rebanho também podem ser susceptíveis à doença. Foi realizada uma investigação no Quénia para estudar a patogénese do *Trypanosoma* evansi em pequenas cabras da África Oriental. Após observação, foi revelado que as cabras que viviam com as manadas de camelos também sofriam muitas alterações fisiológicas, como alterações no fígado, nos rins e nas funções reprodutivas. Também sofrem de parasitémia, perda de peso e diminuição significativa do PVC (Ngeranwa *et al,* 1993).

A prevalência de infecções concomitantes por nemátodos e tripanossomas em ovinos e caprinos do leste da Nigéria foi verificada através de diferentes experiências. O período de estudo foi de 12 meses, durante 1987-1988. Dos 107 animais examinados, 13,6% estavam infectados com espécies de *Trypanosoma* (Fakae e Chiejina, 1993).

Para verificar a ocorrência de Trypanosome congolense resistente ao soro humano em cabras e ovelhas, foram efectuadas experiências na Nigéria. Muitos pequenos ruminantes podem atuar como reservatório de tripanossomas humanos. Foram observadas muitas cabras e ovelhas e os resultados indicaram que 286 ovelhas e 221 cabras eram reservatórios de muitas espécies de *Trypanosoma,* incluindo o tripanossoma humano (Joshua, 1989).

Um outro estudo foi concebido com o objetivo de relatar a epidemiologia da tripanossomíase em pequenos ruminantes no estado de Kano, na Nigéria. Foram colhidas diferentes amostras de sangue de bovinos, ovinos e caprinos e foram aplicadas diferentes técnicas para a deteção de tripanossomas. A prevalência registada foi de 1,3% nos bovinos, 1,6% nos ovinos e 1,3% nos caprinos. Depois disso, a prevalência foi verificada em diferentes condições climatéricas e concluiu-se que as taxas de infeção duplicam na estação das chuvas (Kalu *et al.,* 1986).

Na zona de Kiboko, no Quénia, foi realizado um estudo de investigação que revelou que 80% dos bovinos, 39% dos ovinos e 44% dos caprinos continham anticorpos *anti-Trypanosoma* no sangue. O método utilizado para detetar estes anticorpos foi o IFT, ou seja, o teste de anticorpos fluorescentes indirectos. Foi também aplicado outro método a estas amostras, ou seja, o método padrão de deteção de tripanossomas (STDM). De acordo com os resultados deste método, 15% dos bovinos, 10% dos ovinos e 6% dos caprinos eram positivos para o tripanossoma (Zwart *et al.,* 1973).

Um estudo de 2073 animais domésticos no vale de Lambwe, no Quénia, revelou uma taxa de infeção de 7,4% com espécies de *Trypanosoma.* Em estudos que abrangeram 6384 animais domésticos, foram encontrados tripanossomas patogénicos em 17,0% dos bovinos, 5,0% dos ovinos e 2,1% dos caprinos (Robson e Ashkar, 1972).

CAPÍTULO-3

MATERIAIS E MÉTODOS

3.1 Área de estudo

O Punjab, província do Paquistão, situa-se entre as latitudes 31° N e a longitude 72° E. É a maior e mais famosa das cinco províncias do Paquistão. Tem uma área de 205 344 km^2 (79 284 milhas quadradas) e uma população superior a 82 milhões de habitantes, cerca de 56% da população total do Paquistão. A província do Punjab é abundante em vegetação. Está dividida num total de 36 distritos.

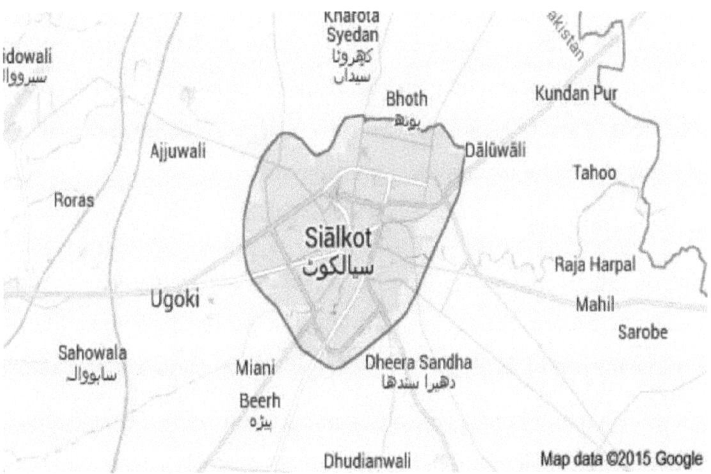

Figura 1: Mapa de Sialkot (área de estudo; imagem retirada do Google maps).

O presente estudo foi planeado para ser realizado no distrito de Sialkot. Sialkot situa-se no nordeste do Punjab, Paquistão, a 32°31' de latitude norte e 74°31' de latitude este. Tem um clima subtropical húmido com quatro estações. A estação quente vai de abril a meados de junho e é muito seca, com uma temperatura média de 38°C. A estação húmida, conhecida como "monção", decorre de meados de junho a meados de setembro. Também é muito quente, mas é mais húmida do que a estação quente. Tem uma temperatura média de 40°C e menos temperatura nas actividades da monção. A estação seguinte começa em meados de novembro e vai até março. Durante esta estação, a temperatura pode descer até aos 0°C ou 32°F, mas a temperatura média é de 15-20°C.

O distrito de Sialkot tem uma precipitação média de 957,9 mm. Toda a área de Sialkot é plana e tem uma altitude de 256 m acima do nível do mar. A terra é fértil e plana em todo o distrito. A maior parte do distrito é altamente cultivada e tem um grande número de gado doméstico. As pessoas costumam criar cabras e outros animais em casa e nas quintas para satisfazer as suas necessidades.

3.2 Recolha de amostras

Foram selecionados oito locais de amostragem (Sambrial, Bhopalwala, Ugoki, Harar, Sahowala, Begowala, Pasroor, cidade de Sialkot) no distrito de Sialkot para verificar a prevalência de *Trypanosoma* em caprinos. Foram colhidas 10 amostras em cada local. As amostras foram colhidas em matadouros próximos de cada um destes sítios.

O estudo foi realizado entre os meses de março e julho de 2015. Foram colhidos 3 ml de sangue jugular para cada amostra no ponto de abate em tubos com EDTA (ácido etileno di-amino tetra-acético). Para o efeito, foi utilizada a técnica de amostragem aleatória. As categorias de idade e sexo foram consideradas como estratos.

3.3 Análise Parasitológica

Após a recolha de sangue jugular em tubo EDTA do matadouro para cada amostra, esta foi colocada numa caixa frigorífica com gelo. Em seguida, foi imediatamente transferida para o laboratório do Department of Zoology, University of Gujrat, Hafiz Hayat Campus.

Foi utilizada a técnica microscópica para observar o tripanossoma, fazendo uma fina película de sangue corada com Giemsa. Os parâmetros hematológicos foram examinados e comparados através da obtenção do CBC (hemograma completo) das amostras através de um laboratório veterinário local.

3.3.1 Preparação de manchas

A coloração de Giemsa (Merck) estava disponível em pó no laboratório de investigação da Universidade de Gujrat. A solução de coloração foi preparada aquecendo 250 ml de glicerina a 60°C durante 10 minutos e adicionando depois 250 ml de metanol (misturado continuamente com um agitador). Em seguida, adicionaram-se a esta solução 3,8 g de pó de Giemsa.

Em seguida, esta coloração foi filtrada com papel de filtro para que as partículas não dissolvidas fossem separadas (Wright, 1902). A coloração era azul escura a azul arroxeada. Foi armazenada num frasco de vidro castanho e utilizada sempre que necessário.

3.3.2 Preparação e coloração de lâminas

As lâminas foram identificadas como amostra 1, amostra 2, amostra 3 ...... e amostra 80. Para fazer um esfregaço fino, foi colocada uma pequena gota de sangue numa extremidade de uma lâmina limpa. Depois de colocar a gota de sangue na lâmina, uma outra lâmina (espátula) foi comprada perto da primeira lâmina num ângulo de 30-45° até à gota e espalhada ao longo da linha de contacto das duas lâminas. Em seguida, a espátula foi rapidamente empurrada para a extremidade oposta da lâmina. O esfregaço deve ter uma borda clara e emplumada.

Após a produção da película fina, a lâmina foi fixada em metanol absoluto durante 2 minutos, mergulhando-a num frasco de Coplin contendo metanol. Em seguida, a lâmina foi retirada e seca ao ar. A solução de trabalho do corante foi preparada adicionando 2 ml de uma solução de reserva de corante Giemsa a 40 ml de água tamponada com pH 6,8-7,2.

Em seguida, a lâmina seca ao ar foi brevemente lavada com o corante, mergulhando-a dentro e fora do frasco de Coplin (um ou dois mergulhos). Após este procedimento, a lâmina foi novamente seca ao ar na posição vertical e, depois de seca, foi observada com lentes objectivas x400 e x100, utilizando um microscópio composto e um microscópio de luz. Este processo foi repetido para cada amostra.

3.4 Análise estatística

Os dados recolhidos foram analisados estatisticamente utilizando o MS Excel 2007. Foi aplicado o teste T, sendo $P < 0,05$ considerado significativo. O efeito do *Trypanosoma* foi observado através da observação das alterações nos parâmetros hematológicos, principalmente nos valores de RBC, WBC, HGB e MCV. Foram calculados os valores médios e o desvio padrão dos parâmetros hematológicos.

CAPÍTULO-4

RESULTADOS E DEBATE

4.1 Prevalência

Das 80 amostras de sangue de caprinos examinadas, 6 foram positivas para o parasita sanguíneo *Trypanosoma* spp., o que representa uma prevalência global de 0,75 ou 7,5%, como se pode ver no quadro 1. Neste estudo não se considerou a espécie de *Trypanosoma*, apenas se monitorizou a ocorrência. A idade e o sexo também não foram considerados.

QUADRO 1: TAXA DE PREVALÊNCIA DE *TRYPANOSOMA* SPP. EM CAPRINOS DO DISTRITO DE SIALKOT.

Organismo	N.º de amostras	N.º de positivos para *Trypanosoma*	N.º de negativos para *Trypanosoma*	Prevalência (%)
Cabra (Caprina)	80	6	74	7.5

A prevalência geral de *Trypanosoma* spp. neste estudo é comparável a relatórios anteriores noutras partes da Nigéria (Chinyere *et al.*, 2013). A baixa taxa de prevalência de *Trypanosoma* spp. pode dever-se à utilização regular de quimioprofilaxia e vacinação (medicamentos) pelos agricultores. No entanto, o uso regular de medicamentos e vacinas pode levar ao desenvolvimento de resistência a medicamentos e vacinas, bem como à presença de resíduos de medicamentos e vacinas na carne, se não for respeitado o intervalo de segurança antes do abate (Ademola *et al.,* 2014).

Isto também é comparável ao trabalho de Kalejaiye *et al.,* (1995) para encontrar a prevalência em cabras e ovelhas. Encontrou uma prevalência de 4,20% e 2,28% de tripanossomas em ovinos e caprinos, respetivamente. O presente trabalho é semelhante ao de Kalu *et al.,* 1986, Zwart, et al., 1973 e Robson & Ashkar, 1972, que encontraram uma baixa prevalência de tripanossomas em caprinos em comparação com outros animais.

Os resultados actuais da prevalência da tripanossomíase estão intimamente relacionados com o trabalho de Mekata *et al.* (2008), que se dedicou a verificar a presença de tripanossomas em cabras da Zâmbia. Das 86 cabras examinadas, 17 foram detectadas com tripanossomas.

Os nossos resultados também se assemelham aos resultados de muitos estudos anteriores que registaram uma baixa prevalência deste parasita em caprinos, como o de Kalu et al., (2001) que registou 14,2%, Sinshaw et al., (2006) que registou 16,6% e Kebede et al., (2009) que registou uma prevalência de 4,1%. Mas este estudo foi contrário ao estudo de Simukoko *et al.,* (2007) e Al-khalifa *et al.,* (2009), segundo os quais todas as cabras eram parasitologicamente negativas para a tripanossomíase.

A menor prevalência de *Trypanosoma* spp. em caprinos, em comparação com estudos anteriores realizados noutras áreas do mundo (Adeiza *et al.,* 2008), pode dever-se à amostragem aleatória e não à seleção de caprinos clinicamente susceptíveis.

No entanto, a exposição dos vectores, a raça, as condições climáticas e a idade dos animais podem contribuir para esta baixa prevalência. É possível que a prevalência tenha sido elevada no passado, mas como não foi realizada qualquer investigação sobre este tema, o presente trabalho revelou que existe uma baixa prevalência de *Trypanosoma* spp. registada no distrito de Sialkot.

A presença do vetor, ou seja, a mosca tsé-tsé ou qualquer outra mosca que pica, para a transferência do parasita tripanossoma depende da estação do ano em que estes vectores são abundantes. A estação do verão é a época de reprodução da mosca tsé-tsé (Konnai *et al.*, 2008).

No caso da tripanossomíase e de todas as doenças transmitidas por vectores causadas por parasitas, o risco de transmissão está diretamente relacionado com a intensidade dos contactos entre os hospedeiros animais e os vectores infectados (Ohaeri, 2010). O risco de transmissão da tripanossomíase e da sua infeção ainda não recebeu qualquer atenção no Paquistão.

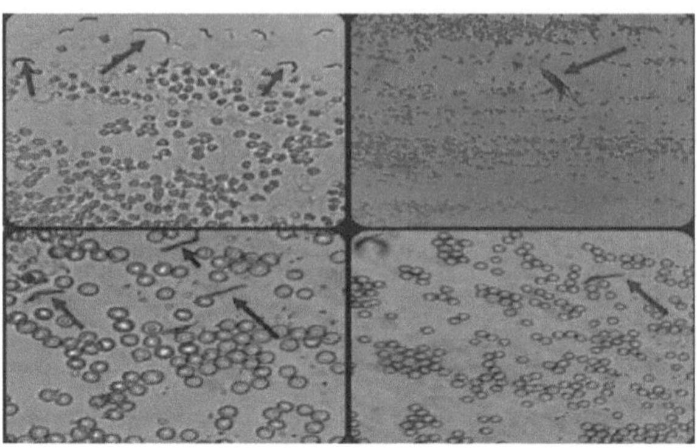

Figura 2: Tripanossomas na objetiva de 400x, as setas vermelhas indicam as espécies de *Trypanosoma*.

A espécie *Trypanosoma* é uma célula alongada com um núcleo que geralmente se encontra no centro da célula. Cada célula possui um único flagelo que parece surgir de um pequeno grânulo conhecido como cinetoplasto. A posição e o comprimento do flagelo do tripanossoma variam consoante a espécie (Souza, 1999). Os tripanossomas que foram observados durante este estudo experimental são mostrados na Figura 2.

A ocorrência global de tripanossomíase em caprinos em todo o mundo é menor do que em qualquer outro ruminante (Biryomumaisho *et al.*, 2013). A razão desta baixa prevalência é o facto de as cabras serem menos susceptíveis de contrair esta doença do que os outros ruminantes.

Depende também da presença do vetor que transporta este parasita de um hospedeiro para outro e a taxa de infeção por tripanossomas no gado varia de um local geo-epidemiológico para outro (Ezebuiro *et al*, 2008).

Estes resultados podem ser relacionados com os resultados de uma investigação recente realizada por Nguyen *et al.* na África do Sul. A ligeira contração das células na figura 2 deve-se à utilização de EDTA como anticoagulante. Por vezes, acontece que o EDTA provoca a contração das células, mas esta contração pode ser ignorada no caso de se observar apenas o parasita.

4.2 Alterações dos parâmetros hematológicos

Os resultados dos perfis hematológicos dos caprinos amostrados são apresentados no quadro 2. Os valores médios e o desvio-padrão, juntamente com o ± Se (erro-padrão), estão indicados no quadro. Apenas quatro parâmetros foram incluídos neste estudo, ou seja, glóbulos vermelhos (RBC), glóbulos brancos (WBC), concentração de hemoglobina (Hb) e volume corpuscular médio (MCV).

QUADRO 2: MÉDIA E DESVIO-PADRÃO DOS PARÂMETROS HEMATOLÓGICOS DOS CAPRINOS AFECTADOS E NÃO AFECTADOS DA ZONA DE SIALKOT

($P<0.05$)

Parâmetros	Gama normal	Caprinos com tripanossomas		Caprinos sem tripanossomas	
		Média ± S.E	Desvio padrão	Média ± S.E	Desvio padrão
RBC	8.0-18.0 (10^{12} /L)	7.29 ± 0.08	0.210	10.09 ± 0.31	2.75
WBC	4.0-13.0 (10^{9} /L)	26.8 ± 1.84	4.52	18.16 ± 0.81	7.11
HGB	8,0-12,0 (g/dL)	7.63 ± 0.09	0.24	9.16 ± 0.10	0.79
MCV	16-25 (fL)	29.8± 0.34	0.85	26.6 ± 0.40	3.54

De acordo com o quadro 2, o nível médio de hemácias com erro padrão foi de 7,29 1012/L ± 0,08 S.E. e desvio padrão ±0,210, o que mostra que as cabras afectadas tiveram um declínio nas hemácias em comparação com o valor de hemácias não afectadas, ou seja, 10,09 1012/L ± 0,31 S.E., desvio padrão ±2,75.

A diminuição do nível de hemácias é um indício de que as cabras estavam anémicas. Estas observações estão muito próximas dos resultados de Murray et al (1984), que registaram uma diminuição do número de hemácias na tripanossomíase.

Osuagwuh, *et al.* (2014) relataram na sua investigação que quando as cabras são afectadas por qualquer uma das espécies de *Trypanosoma,* há uma diminuição do nível de hemácias nas cabras. Assim, as nossas observações também foram idênticas às dos estudos anteriores.

O quadro 2 revela que o nível de leucócitos dos caprinos afectados pelo *tripanossoma* aumentou significativamente, ou seja, 26,8 x 10^9 /L ± 1,84 S.E., com um desvio padrão de ±4,52 em relação ao valor normal, ao passo que os caprinos não afectados pelo tripanossoma tinham um nível de leucócitos de 18,16x 10^9 /L ± 0,81 S.E., com um desvio padrão de ±7,11. De acordo com estes resultados, concluímos que as cabras estavam infestadas de parasitas, pois sempre que uma partícula externa invade o corpo, o número de leucócitos aumenta.

Em geral, o valor médio dos leucócitos nas cabras afectadas mostrou uma leucocitose típica, tal como foi referido em animais fortemente susceptíveis com tripanossomíase (Griffin *et al,* 1980), devido à ativação reactiva dos linfócitos B em resposta a um desafio antigénico e, consequentemente, a um aumento da produção de linfócitos. Isto é comparável às observações sobre leucócitos na infeção por tripanossomas em ovinos feitas por Katunguka *et al,* 1997, mas é contrário às de Adah *et al,* 1993, que referiram não haver provas de leucocitose em cabras com tripanossomas.

De acordo com os resultados apresentados no quadro 2, concluiu-se que houve uma diminuição do nível de hemoglobina (Hb). O nível de Hb nas cabras com tripanossomas era de 7,13 g/dL ± 0,09 S.E. e tinha um desvio padrão ±0,24; este valor era baixo em relação ao normal, isto é, 8-12 g/dL. As cabras que não tinham tripanossomas apresentavam um nível de Hb de 9,16 g/dL ± 0,10 E.S. e um desvio padrão de ±0,79. Comparando os valores de Hb, ficou claro que, quando os tripanossomas estão presentes no corpo do animal, há uma diminuição do nível de Hb.

Este facto pode ser comparado com estudos anteriores, como o de Osuagwuh *et al.,* em 2014, que referiram que há uma diminuição da concentração de Hb quando a população de tripanossomas aumenta no sangue. Este baixo nível de Hb era uma indicação de que as cabras estavam a sofrer de anemia. Aponta a semelhança dos resultados com o trabalho de Losos *et al.,* (1970) que estudaram a patologia da infeção por tripanossomas induzida experimentalmente em vários animais.

O aumento do nível do VCM (volume corpuscular médio) pode ser observado no quadro 2, o que constitui um sinal de anemia, uma vez que o VCM é a medida do volume médio dos glóbulos vermelhos. O valor médio do VCM das cabras afectadas pelos tripanossomas foi de 29,8 fL ± 0,34 S.E., com um desvio padrão de 0,85. Este valor foi superior ao das cabras que não foram afectadas pelos tripanossomas. O valor médio calculado para as cabras não afectadas foi de 26,6 fL ± 0,40 S.E., com um desvio padrão de 3,54.

Estes resultados do VCM apresentados na tabela 2 são contraditórios com os resultados de Ogunsanmi *et al.*, (1994), uma vez que foi evidenciada anemia normocítica no seu estudo. As observações de Ogunsanmi *et al.* (1994) revelaram que, na fase inicial aguda da tripanossomíase nos animais, especialmente nos ruminantes, não havia qualquer estimulação dos centros eritropoiéticos. No entanto, quando a doença se torna crónica, aumenta a produção de eritrócitos e, consequentemente, há presença de eritrócitos imaturos na circulação sanguínea, aumentando o nível de VCM.

Os resultados das alterações hematológicas são evidências do estudo de Losos e Ikede, 1970, que estudaram o desenvolvimento de anemia em animais sob observação. Estes resultados também estão de acordo com os relatórios de Igbokwe e Anosa, (1989), que estudaram a infeção por T. vivax em ovinos.

Assim, os valores médios de RBC, WBC, Hb e MCV provam que havia prevalência de tripanossomas no sangue das cabras observadas. A partir do aumento do nível de leucócitos das cabras sem tripanossomas, pode estimar-se que pode haver pouca prevalência de qualquer outro parasita no corpo das cabras nessa altura.

TABELA 3: TESTE T; DUAS AMOSTRAS ASSUMINDO VARIÂNCIAS DESIGUAIS. (COMPARAÇÃO DE RBC)

Teste T (hemácias)							
Categorias	**Observações**	**Média**	**Desvio**	**Df**	**t-stat**	**P (T<=t) uma cauda**	**t-crítico uma cauda**
Cabras não afectadas	74	10.09	10.49	78	5.78	6.80789	1.664
Cabras afectadas	6	7.29	0.04				

Aplicando o teste t de variância desigual aos resultados de hemácias dos dois grupos, isto é, afectados e não afectados pelo tripanossoma, concluiu-se que o valor de t-stat (5,78) era superior ao valor t-crítico (1,664), como se pode ver no quadro 3. A razão para isto é que talvez as cabras estivessem afectadas por outra doença que não a tripanossomíase.

TABELA 4: TESTE T DE VARIÂNCIA DESIGUAL PARA COMPARAÇÃO COM A WBC DOS GRUPOS AFECTADO E NÃO AFECTADO.

Teste T (WBC)							
Categorias	**Observações**	**Média**	**Desvio**	**Df**	**t-stat**	**P (T<=t) uma cauda**	**t-crítico uma cauda**
Cabras não afectadas	74	18.16	49.8	5	-4.2589	0.00187	1.894
Cabras afectadas	6	26.8	20.5				

A partir dos resultados do teste t entre os valores de leucócitos observados nos grupos de cabras afectadas e não afectadas por tripanossomas, concluiu-se que o valor t-stat (4,2589) era inferior ao valor t-crítico (1,894), sendo o valor p <0,001 (quadro 4). Assim, é possível que a razão do aumento do valor médio de leucócitos no grupo de cabras não afectadas não seja a espécie *Trypanosoma.*

QUADRO 5: TESTE T (OBSERVAÇÕES INIGUAIS) PARA COMPARAR A CONCENTRAÇÃO DE Hb NO SANGUE DE CABRAS COM TRYPANOSOMAS E CABRAS SEM TRYPANOSOMAS

Teste T (Hb)							
Categorias	**Observações**	**Média**	**Desvio**	**Df**	**t-stat**	**P (T<=t) uma cauda**	**t-crítico uma cauda**
Cabras não afectadas	76	9.16	0.0636	16	4.156	0.00037	1.745
Cabras	6	7.63	0.005				

afectadas							

Os resultados do teste t de comparação da concentração de Hb dos dois grupos, apresentados no quadro 5, mostram que o valor estatístico t (4,156) é superior ao valor crítico t (1,745) com um valor de P <,= 0,0003. A partir dos valores médios da concentração de Hb nos dois grupos, como se pode ver no quadro, é evidente que há uma diminuição do nível de Hb nas cabras que tinham tripanossomas.

CAPÍTULO 5

CONCLUSÃO

Os resultados actuais revelam claramente que a ocorrência de tripanossomas é um constrangimento importante na produtividade e produção de pequenos ruminantes, uma vez que foi registada uma prevalência de 7,5% neste estudo. A existência de tripanossomas pode provocar uma redução da qualidade da carne e resultar em graves perdas económicas. Os resultados revelaram alterações nos valores hematológicos. Os níveis de leucócitos e de VCM aumentaram, enquanto os níveis de hemácias e de hemoglobina registaram uma diminuição nas amostras positivas para tripanossomas. Os resultados dos testes t aplicados para comparação de alguns valores hematológicos de cabras afectadas e não afectadas revelaram que se verificaram alterações nos níveis de hemácias, leucócitos, hemoglobina e VCM, mas o valor da estatística t indica que, ao mesmo tempo, as cabras podem estar a sofrer de outra doença que não a tripanossomíase.

CAPÍTULO 6

RECOMENDAÇÕES

Embora a técnica utilizada neste estudo seja microscópica e tenha uma sensibilidade limitada, o nível de espécies de tripanossomas não foi monitorizado, tendo-se apenas verificado a sua presença. De qualquer modo, este estudo forneceu informações adicionais para os estudos sobre a tripanossomíase no Paquistão. Recomenda-se que, para obter mais dados, sejam utilizadas outras técnicas sensíveis, como PCR, ELISA, BCT e outras técnicas adequadas para o exame.

REFERÊNCIAS

ADEIZA, A. A., MAIKAI, V. A., & LAWAL, A. I., 2008. Alterações hematológicas comparativas em cabras castanhas da Savana infectadas experimentalmente com Trypanosoma brucei e Trypanosoma vivax. *Jornal Africano de Biotecnologia,* **7**(13): 2295-2298.

ADEMOLA, I. O. E ONYICHE, T. E., 2014. Hemoparasitas e parâmetros hematológicos de ruminantes e suínos abatidos no matadouro de Bodija, Ibadan, Nigéria. *Jornal Africano de Investigação Biomédica,* **16**(2): 101105.

AHMAD, N., JAVED, K., ABDULLAH, M., HASHMI, A. S., ALI, A., IQBAL, Z. E IQBAL, Z. M., 2014. Desempenho Produtivo Comparativo de Cabras Beetais em Sistema Anual e Acelerado. *JAPS, Jornal de Ciências Animais e Vegetais,* **24**(4): 979-985.

AHMADU, B., LOVELACE, C. E. A., E SAMUI, K. L., 2002. A survey of trypanosomosis in Zambian goats using haematocrit centrifuge technique and polymerase chain reaction: short communication. *Journal of the South African Veterinary Association,* **73**(4): 224-229.

AL-KHALIFA, M. S., HUSSEIN, H. S., DIAB, F. M., E KHALIL, G. M., 2009. Parasitas sanguíneos do gado em certas regiões da Arábia Saudita. *Revista Saudita de Ciências Biológicas,* **16**(2): 63-67.

ANDREW, T., IBRAHIM, J. L., MAIKAI, B. V., BARAYA, K., DANIEL, J., TIMOTHY, T. E OGBOLE, M., 2015. Comunicação curta: Prevalência de espécies de trypanosoma encontradas em bovinos abatidos no matadouro de Tudun Wada Kaduna Nigéria. *Jornal Nigeriano de Biotecnologia,* **28**(1): 60-64.

ANOSA, V. O., & ISOUN, T. T., 1976. Proteínas séricas, volumes de sangue e plasma em infecções experimentais por Trypanosoma vivax em ovinos e caprinos. *Tropical animal health and production,* **8**(1): 14-19.

BALYEIDHUSA, A. S. P., KIRONDE, F. A. S., E ENYARU, J. C. K., 2012. Aparente falta de um reservatório de animais domésticos na doença do sono Gambiense no noroeste do Uganda. *Veterinary parasitology,* **187**(1): 157-167.

BARRY, J.D. E C.M.R. TURNER, 1991. The dynamicsof antigenic variation and growth of Africantrypanosomes. *Parasitology Today,* **7**: 207211.

BATISTA, J. S., OLIVEIRA, A. F., RODRIGUES, C. M. F., DAMASCENO, C. A. R., OLIVEIRA, I. R. S., ALVES, H. M. E TEIXEIRA, M. M. G., 2009. Infeção por Trypanosoma vivax em caprinos e ovinos no semiárido brasileiro: do surto agudo da doença à infeção crônica críptica. *Parasitologia Veterinária,* **165**(1): 131-135.

BIRYOMUMAISHO, S., RWAKISHAYA, E. K., MELVILLE, S. E., CAILLEAU, A. E LUBEGA, G. W., 2013. Tripanossomíase animal no Uganda: heterogeneidade do parasita e estado de anemia de bovinos, caprinos e suínos naturalmente infectados. *Parasitology Research,* **112**(4): 1443-1450.

BOID, R., EL AMIN, E. A., MAHMOUD, M. M. E LUCKINS, A. G., 1981. Trypanosoma evansi infections and antibodies in goats, sheep and camels in the Sudan (Infecções por Trypanosoma evansi e anticorpos em cabras, ovelhas e camelos no Sudão). *Tropical animal health and production,* **13**(1): 141-146.

CHAPPUIS, F., L. LOUTAN, P. SIMARRO, V. LEJONE P. BÜSCHER, 2005. Options for fielddiagnosis of human African *trypanosomiasisClinical Microbiology **Reviews18**:* 133-146.

CHIEJINA, S. N., MUSONGONG, G. A., FAKAE, B. B., BEHNKE, J. M., NGONGEH, L. A. E WAKELIN, D., 2005. The modulatory influence of Trypanosoma brucei on challenge infection with Haemonchus contortus in Nigerian West African Dwarf goats segregated into weak and strong responders to the nematode. *Veterinary parasitology,* **128**(1): 29-40.

CHINYERE, A. L. E OKAFOR, O. J., 2013. Tripanossomíase em cabras vermelhas de Sokoto e cabras anãs da África Ocidental no matadouro de Ikpa, Nsukka, Estado de Enugu, *Nigéria.* ***Entomolijournal12**(7):* 324-330.

COX, A. P., TOSAS, O., TILLEY, A., PICOZZI, K., COLEMAN, P., HIDE, G., E WELBURN, S. C., 2010. Limitações à estimativa da prevalência de infecções por tripanossomas no gado zebu da África Oriental. *Parasit Vectors*, **3**(1): 82.

DANIEL, A. D., JOSHUA, R. A., KALEJAIYE, J. O. E DADA, A. J., 1993. Prevalência da tripanossomíase em ovinos e caprinos numa região do norte da Nigéria. *Revue d'élevage et de médecine vétérinaire des pays tropicaux,* **47**(3): 295-297.

DAVILA, A.M.R. E R.A.M.S. SILVA., 2000. Tripanossomíase animal na América do Sul: situação atual, parceria e tecnologia da informação. *Ann. N. Y. Acad. Sci.* **916:** 199-212.

DE ALMEIDA, P. J., NDAO, M., VAN MEIRVENNE, N. E GEERTS, S., 1997. Avaliação diagnóstica da PCR em caprinos infectados experimentalmente com Trypanosoma vivax. *Ata tropica,* **66**(1): 45-50.

DHOLLANDER, S., J.BOS, S.KORA, et al., 2005. Suscetibilidade das cabras anãs da África Ocidental e dos cruzamentos WAD x Saanen à infeção experimental com Trypanosomacongolense. *Vet. Parasitol.* **130**: 1-8.

EL-METANAWEY, T. M., NADIA, M., EL-BEIH, M. M., EL-AZIZ, A., HASSANANE, M. S. E EL-AZIZ, T. H. A., 2009. Estudos comparativos sobre o diagnóstico de Trypanosoma evansi em cabras infectadas experimentalmente. *Global Veterinaria,* **3**(4): 348-53.

EVANS, D.A. E ELLIS, .S., 1975. Penetração de células do intestino médio de Glossina morsitans morsitans por T. brucei rhoesiense. *Nature,* **258**: 231-233.

EZEBUIRO, O. G. C., ABENGA, J. N. E EKEJINDU, G. O. C., 2008. Prevalência da infeção por tripanossomas em bovinos, caprinos e ovinos comerciais abatidos no matadouro de Kaduna. *Jornal Africano de Microbiologia Clínica e Experimental,* **10**(1): 15-25.

FAKAE, B. B. E CHIEJINA, S. N., 1993. The prevalence of concurrent trypanosome and gastrointestinal nematode infections in West African Dwarf sheep and goats in Nsukka area of eastern Nigeria. *Veterinary parasitology,* **49**(2): 313-318.

FAYE, D., J. SULON, Y. KANE, et al., 2004. Effects of an experimental Trypanosomacongolense infection on the reproductive performance of West African Dwarfgoats. ***Theriogenology62:*** 1438-1451.

GALIZA, G. J. N., GARCIA, H. A., ASSIS, A. C. O., OLIVEIRA, D. M., PIMENTEL, L. A., DANTAS, A. F. M. E RIET-CORREA, F., 2011. Alta mortalidade e lesões do sistema nervoso central na tripanossomose por Trypanosoma vivax em ovinos peludos brasileiros. *Parasitologia Veterinária,* **182**(2): 359-363.

GOOSSENS, B., OSAER, S., KORA, S., CHANDLER, K. J., PETRIE, L., THEVASAGAYAM, J. A. E ANDERSON, J., 1998. Abattoir survey of sheep and goats in The Gambia (Estudo sobre matadouros de ovinos e caprinos na Gâmbia). *The Veterinary Record,* **142**(11): 277-281.

GRIFFIN, L. E ALLONBY, E. W., 1979. The economic effects of trypanosomiasis in sheep and goats at a range research station in Kenya. *Tropical Animal Health and Production,* **11**(1): 127-132.

GRIFFIN, L. E ALLONBY, E.W., 1980. Studies on theepidemiology of Trypanosomiasis in sheep and goats inKenya. *Trop. Anim. Health Prod.* **11**(3): 133-142.

GRIFFIN, L., 1978. Tripanossomíase africana em ovinos e caprinos: uma revisão. *Boletim Veterinário.* **48**: 819-825.

GUTIERREZ, C., CORBERA, J. A., DORESTE, F., e BüSCHER, P., 2004. Utilização da técnica de centrifugação por troca aniónica em miniatura para isolar Trypanosoma evansi de caprinos. *Anais da Academia de Ciências de Nova Iorque,* **1026**(1): 149-151.

GUTIERREZ, C., CORBERA, J. A., MORALES, M., E BÜSCHER, P., 2006. Trypanosomosis in Goats. *Annals of the New York Academy of Sciences,* **1081**(1): 300-310.

HALL, M. J.R., KHEIR, S.M., A. RAHMAN, A.H. E VOGA, S., 1984. Levantamento da tsé-tsé e da tripanossomíase na província de Darfur do Sul, Sudão, II. Aspectos entomológicos. *Trop. Anim. Health. Pro.**16**:* 127-140.

ILEMOBADE, A. A., LEEFLANG, P., BUYS, J. E BLOTKAMP, J., 1975. Estudos sobre o isolamento e a sensibilidade aos medicamentos de Trypanosoma vivax no norte da Nigéria. *Annals of tropical medicine and parasitology,* **69**(1): 13-18.

ISLAM, K. B. M. S. E TAIMUR, M. J. F. A., 2008. Infecções parasitárias internas helmínticas e protozoárias em pequenos ruminantes de criação livre do Bangladesh. *Slov Vet Res,* **45**(2): 67-72.

ISOUN, T.T. E ANOSA, V.D., 1974. Lesões nos órgãos reprodutivos de ovelhas e cabras experimentalmente infectadas com T.vivax. Z. *Tropen Med. Parasit.,* **25**: 469-76.

JAIN, M.C., 1986. Schalm's veterinary hematology. 4th edition., Lea and Febiger, Philadelphia. 1-3, 23-28,232-239, 676-820.

JOSHUA, R. A., 1989. Ocorrência de Trypanosoma congolense resistente ao soro humano em cabras e ovelhas na Nigéria. *Veterinary parasitology,* **31**(2): 107113.

KALEJAIYE, J. O., AYANWALE, F. O., OCHOLI, R. A. E DANIEL, A. D., 1995. The prevalence of trypanosome in sheep and goats at slaughter (Prevalência de tripanossomas em ovinos e caprinos aquando do abate). *Israel Journal of Veterinary Medicine,* **50**(2): 57-59.

KALU, A. U. E LAWANI, F. A., 1996. Observations on the epidemiology of ruminant trypanosomosis in Kano State, Nigeria. *Revue D Elevage Et De Medicine Veterinaire Des*

Pays Tropicaux, **49**: 213-218.

KALU, A. U., EDEGHERE, H. U. E LAWANI, F. A., 1986. Comparação de técnicas de diagnóstico durante infecções únicas subclínicas de tripanossomíase em caprinos. *Veterinary parasitology,* **22**(1): 37-47.

KALU, A. U., OBOEGBULEM, S. I. E UZOUKWU, M., 2001. Trypanosomosis in small ruminants maintained by low riverine tsetse population in central Nigeria. *Small Ruminant Research,* **40**(2): 109-115.

KATUNGUKA-RWAKISHAYA, E., 1995. Prevalência da tripanossomíase em pequenos ruminantes e suínos numa área endémica da doença do sono no condado de Buikwe, distrito de Mukono, Uganda. *Revue d'elevage et de medecine veterinaire des pays tropicaux,* **49**(1): 56-58.

KATUNGUKA-RWAKISHAYA, E., MURRAY, M. E HOLMES, P. H., 1997. Suscetibilidade de três raças de cabras ugandesas à infeção experimental com Trypanosoma congolense. *Tropical animal health and production,* **29**(1): 7-14.

KAYANG, B. B., BOSOMPEM, K. M., ASSOKU, R. K. G. E AWUMBILA, B., 1997. Deteção de infecções por Trypanosoma brucei, T. congolense e T. vivax em bovinos, ovinos e caprinos utilizando aglutinação em látex. *Revista Internacional de Parasitologia,* **27**(1): 83-87.

KEBEDE, N., FETENE, T. E ANIMUT, A., 2009. Prevalência de tripanossomíase em pequenos ruminantes no distrito de Guangua, na zona de Awi, no noroeste da Etiópia. *Journal of infection in developing countries,* **3**(3): 245246.

KONNAI, S., MEKATA, H., ODBILEG, R., SIMUUNZA, M., CHEMBENSOF, M., WITOLA, W. H. E OHASHI, K., 2008. Deteção de Trypanosoma brucei em moscas tsé-tsé capturadas no campo e identificação de espécies hospedeiras alimentadas pelas moscas infectadas. *Vetor-Borne and Zoonotic Diseases,* **8**(4): 565-574.

LOSOS, G. J. E IKEDE, B. O., 1970. Pathology of experimental trypanosomiasis in the albino rat, rabbit, goat and sheep-A preliminary report. *Canadian Journal of Comparative Medicine,* **34**(3): 209.

MAGONA, J. W., MAYENDE J.S., WALUBENGO, J., 2002.Avaliação comparativa da técnica de deteção de anticorpos ELIZA utilizando microplacas pré-revestidas com antigénio bruto desnaturado de T. congolense ou T. vivax. *Trop. Anim. Health Pro.* **34**(4):295-308.

MAHMOUD, M. M. E ELMALIK, K. H., 1977. Tripanossomíase: Goats as a possible reservoir ofTrypanosoma congolense in the republic of the Sudan. *Tropical Animal Health and Production,* **9**(3): 167-170.

MASIGA, D. K., OKECH, G., IRUNGU, P., OUMA, J., WEKESA, S., OUMA, B. E NDUNG'U, J. M., 2002. Growth and mortality in sheep and goats under high tsetse challenge in Kenya (Crescimento e mortalidade em ovinos e caprinos em condições de elevada incidência de mosca tsé-tsé no Quénia). *Tropical animal health and production,* **34**(6): 489-501.

MATTIOLI, R.C.; FAYE J.A. E JAITNER, J., 2001. Estimativa do estatuto tripanossómico através da técnica do buffy coat e do anticorpo ELIZA para avaliação do impacto da tripanossomíase na saúde e produtividade do gado N'Damacattle na Gâmbia. *Vet. parasitai.* **1**:25-35.

MAXIE, M. G., LOSOS, G. J. E TABEL, H., 1976. A comparative study of the haematological aspects of the diseases caused by Trypanosoma vivax and Trypanosoma congolense in cattle. *In Pathophysiology af Parasitic Infections* Academic Press New York. 183-198.

MEHLITZ, D., 1979. Trypanosome infections in domestic animals in Liberia. *Tropenmedizin undParasitologie,* **30**(2): 212-219.

MEKATA, H., KONNAI, S., SIMUUNZA, M., CHEMBENSOFU, M., KANO, R., WITOLA, W. H. E OHASHI, K., 2008. Prevalência e origem das infecções por tripanossomas em moscas vectoras capturadas no terreno (Glossina pallidipes) no sudeste da Zâmbia. *The Journal of veterinary medical science/the Japanese Society of Veterinary Science,* **70**(9): 923-928.

MOHAMMED-AHMED, M., 1989. Distribuição das moscas tsé-tsé no distrito de Kurmuk, província do Nilo Azul, Sudão. *Sud. J. Vet. Sc.Anim. Husb.,***28**(1): 45-54.

MOLOO, S. K. E KUTUZA, S. B., 1988. Estudo comparativo sobre as taxas de infeção de diferentes estirpes laboratoriais de espécies de Glossina por Trypanosoma congolense. *Entomologia médica e veterinária,* **2**(3): 253-257.

MURRAY, M., TRAIL, J. C. M., DAVIS, C. E. E BLACK, S. J., 1984. Genetic resistance to

African trypanosomiasis (Resistência genética à tripanossomíase africana). *Journal of Infectious Diseases,* **149**(3): 311-319.

NAKAYIMA, J., NAKAO, R., ALHASSAN, A., MAHAMA, C., AFAKYE, K. E SUGIMOTO, C., 2012. Estudos epidemiológicos moleculares sobre tripanossomíases animais no Gana. *Parasit Vectors,* **5**: 217.

NGERANWA, J. J. N., GATHUMBI, P. K., MUTIGA, E. R. E AGUMBAH, G. J. O., 1993. Patogénese do Trypanosoma (brucei) evansi em pequenos caprinos da África Oriental. *Investigação em ciências veterinárias,* **54**(3): 283-289.

NGUYEN, T. T., MOTSIRI, M. S., TAIOE, M. O., MTSHALI, M. S., GOTO, Y., KAWAZU, S. I., INOUE, N., 2015. Aplicação de ELISAs brutos e recombinantes e teste imunocromatográfico para o serodiagnóstico da tripanossomíase animal no distrito de Umkhanyakude da província de KwaZulu-Natal, África do Sul. *The Journal of Veterinary Medical Science,* **77**(2): 217.

NIMPAYE, H., NJIOKOU, F., NJINE, T., NJITCHOUANG, G. R., CUNY, G., HERDER, S. E SIMO, G., 2011. Trypanosoma vivax, T. congolense "tipo floresta" e T. simiae: prevalência em animais domésticos de focos da doença do sono nos Camarões. *Parasite,* **18**(2): 171-179.

NOIREAU, F., GOUTEUX, J. P., TOUDIC, A., SAMBA, F. E FREZIL, J. L., 1986. [Importância epidemiológica do reservatório animal de Trypanosoma brucei gambiense no Congo. 1. Prevalência da tripanossomíase animal nos focos da doença do sono]. Tropical medicine and parasitology: *official organ of Deutsche Tropenmedizinische Gesellschaft and of Deutsche Gesellschaft fur Technische Zusammenarbeit (GTZ),* **37**(4): 393-398.

NYIMBA, P. H., KOMBA, E. V. G., SUGIMOTO, C. E NAMANGALA, B., 2015. Prevalência e distribuição de espécies de tripanossomíase caprina nos distritos de Sinazongwe e Kalomo da Zâmbia. *Parasitologia veterinária.* **210**(3, 4): 125-130.

OGBAJE, C. I., LAWAL, I. A. E AJANUSI, O. J., 2011. Infecciosidade e patogenicidade do isolado de Trypanosoma evansi de Sokoto (Norte da Nigéria) em cabras anãs da África Ocidental. *International Journal of Animal and Veterinary Advances.* **41**(4): 2134-2139.

OGUNSAMNI, A.O., AKPAVIE, S.O. E ANOSA, V.O., 1994. Haematological changes in eves experimentally infected with T. brucei. *Revue des Medecine-Veterinaire des pays tropicaux, 47* (1): 53-57.

OHAERI, C. C., 2010. Prevalência de tripanossomíase em ruminantes em partes do Estado de Abia, Nigéria. *Journal of Animal and Veterinary Advances,* **9**(18): 2422-2426.

OSUAGWUH, U. I. E OKORE, O. O., 2014. Alterações hematológicas comparativas em cabras anãs da África Ocidental experimentalmente infectadas com Trypanosoma vivax e Trypanosoma brucei: Alterações Causadas pelo Tratamento com DiminazeneAceturate (Diminaze®).*Global* ***Veterinaria13*** (3): 378-384.

RAZA, M. A., MURTAZA, S., BACHAYA, H. A., DASTAGER, G. E HUSSAIN, A., 2009. Point prevalence of haemonchosis in sheep and goats slaughtered at Multan abattoir. *The JAni and Pl Sci,* **19**(3): 158-159.

ROBSON, J. E ASHKAR, T. S., 1972. Trypanosomiasis in domestic livestock in the Lambwe Valley area and a field evaluation of various diagnostic techniques. *Boletim da Organização Mundial de Saúde,* **47**(6): 727.

RODRIGUES, C. M., OLINDA, R. G., SILVA, T. M., VALE, R. G., DA SILVA, A. E., LIMA, G. L. E BATISTA, J. S., 2013. Degeneração folicular nos ovários de cabras experimentalmente infectadas com Trypanosoma vivax do semiárido brasileiro. *Parasitologia Veterinária,* **191**(1): 146-153.

RODRÍGUEZ, N. F., TEJEDOR-JUNCO, M. T., GONZÁLEZ-MARTÍN, M., DEL PINO, A. S. E GUTIÉRREZ, C., 2012. Estudo transversal sobre a prevalência da infeção por Trypanosoma evansi em ruminantes domésticos numa zona endémica das Ilhas Canárias (Espanha). *Medicina veterinária preventiva,* **105**(1): 144-148.

SAMDI, S. M., BELLO, B., ABUBAKAR, A., BIZI, R. L., DAVID, K., HARUNA, M. K. E JIBRIL, H. Z., 2012. Comportamento humano na epidemiologia e no controlo da tripanossomíase africana na área governamental local de Kachia do Estado de Kaduna, Nigéria. *Int. J. Anim. Veter. Adv,* **4**(5): 312-315.

SCHOEPF, K., MUSTAFAMOHAMED, H. A. E KATENDE, J. M., 1984. Observations on blood-borne parasites of domestic livestock in the Lower Juba Region of Somalia (Observações sobre parasitas transmitidos pelo sangue do gado doméstico na região do Baixo Juba da Somália). *Tropical animal health and production,* **16**(4): 227-232.

SHANSIRI, KHUCHAREONTAWORN, S. NOPPORN, 2002. PCR-ELISA para o diagnóstico de Trypanosoma evansi em animais e *vetor.Mol. sondas celulares.* **16**(3): 173-177.

SHARMA, D. K., CHAUHAN, P. P. S. E AGRAWAL, R. D., 2000. Interação entre a infeção por Trypanosomaevansi e Haemonchuscontortus em caprinos. *Veterinary parasitology,* **92**(4): 261-267.

SHARMA, D. K., SAXENA, V. K. AGRAWAL, R. D., 2000. Haematological changes in experimental trypanosomiasis in Barbari goats. *Small Ruminant Research,* **38**(2): 145-149.

SIMO, G., NJITCHOUANG, G. R., NJIOKOU, F., CUNY, G. E ASONGANYI, T., 2012. Caracterização genética do Trypanosoma brucei que circula em animais domésticos da doença do sono de Fontem dos Camarões. *Micróbios e Infeção,* **14**(7): 651-658.

SIMO, G., SOBGWI, P. F., NJITCHOUANG, G. R., NJIOKOU, F., KUIATE, J. R., CUNY, G. E ASONGANYI, T., 2013. Identificação e caraterização genética de Trypanosoma congolense em animais domésticos de Fontem na região sudoeste dos Camarões. Infeção, *Genética e Evolução,* **18**: 66-73.

SIMUKOKO, H., MARCOTTY, T., PHIRI, I., GEYSEN, D., VERCRUYSSE, J. E VAN DEN BOSSCHE, P., 2007. The comparative role of cattle, goats and pigs in the epidemiology of livestock trypanosomiasis on the plateau of eastern Zambia. *Veterinary parasitology,* **147**(3): 231-238.

SINSHAW, A., ABEBE, G., DESQUESNES, M. E YONI, W., 2006. Biting flies and Trypanosoma vivax infection in three highland districts borderering lake Tana, Ethiopia. *Veterinary parasitology,* **142**(1): 35-46.

SIVAKUMAR, T., LAN, D. T. B., PHUNG THANG, L. O. N. G., YOSHINARI, T., TATTIYAPONG, M., GUSWANTO, A. E YOKOYAMA, N., 2013. Deteção por PCR e diversidade genética de parasitas hemoprotozoários bovinos no Vietname. *The Journal of Veterinary Medical Science,* **75**(11): 1455.

SOUZA, W. D., 1999. Uma breve revisão sobre a morfologia do Trypanosoma cruzi: de 1909 a 1999. *Memorias do Instituto Oswaldo Cruz.**94**:* 17-36.

SPECHT, E. J., 1982. O efeito de infecções duplas com tripanossomas e nemátodos gastrointestinais na produtividade de ovinos e caprinos no Sul de Moçambique. *Parasitologia veterinária,* **11**(4): 329-345.

TAIWO V.O, OLANIYI M.O, OGUNSANMI A.O., 2003. Alterações bioquímicas plasmáticas comparativas e suscetibilidade dos eritrócitos à peroxidação in vitro durante infecções experimentais por T. congolense e T. brucei em ovinos. *J. Isreal Vet. Med. Ass.* **58**(4): 435-443.

TORO, M., LEON, E., LOPEZ, R., PALLOTA, F., GARCIA, J. A. E RUIZ, A., 1983. Efeito do isometamidium nas infecções por Trypanosoma vivax e T. evansi em animais experimentalmente infectados. *Parasitologia veterinária,* **13**(1): 3543.

UGOCHUKWU, E.L., 1986. Observações hematológicas sobre a tripanossomose bovina na raça Holstein Frísia. *Int. J. Zoonoses.* **13**(2): 89-92.

UILENBERG, G., 1998. A field guide for the diagnosis, treatmentand prevention of African Animal trypanosomosis *(FAO, Roma).* 158

UZOIGWE, N.R., 1986. Auto-cura em vitelos Zubu experimentalmente infectados com T. vivax. *Vet. Para.* **22**(1-2): 141-6.

VAN DAM, J. T. P., SCHRAMA, J. W., VAN DER HEL, W., VERSTEGEN, M. W. A. E ZWART, D., 1996. Produção de calor, temperatura corporal e postura corporal em cabras anãs da África Ocidental infectadas com trypanosoma vivax. *Veterinary quarterly,* **18**(2): 55-59.

VAN DEN INGH, T.S. E DE NEIJS-BAKER, M.H., 1979. Pancarditisin T. vivax in cattle, *Z. TropenmedParasit,* **30**(2):239-243.

VAN DEN INGH, T.S., ZWART. D., SCHOTMAN, A.J. VAN MIERTA.S., VEENENDAAL, G.H., 1976. A patologia e a patogénese da infeção por T. vivax na cabra. *Res. Vet. Sci.,* **21**(3): 264-70.

VEENENDAAL, G.H.; VAN MIERT, A.S.J.P.A.M., VAN DEN INGH,T.S.G.A.M. SCHOTMAN, A.J.H. AND ZWART, D., 1976.Clinical symptoms and brady kinin, sertonin levels incirculating blood in T. vivax infection in goats comparedwith endotoxin induced fever. *Res. Vet. Sci.,* **21**:271-79.

VERLOO, D., E. MAGNUS E P. BÜSCHER, 2001. Expressão geral do tipo de antigénio variável RoTat 1.2 em isolados de Trypanosoma evansi de diferentes origens. *Veterinary Parasitology,* **97**: 183-189.

VERLOO, D., W. HOLLAND, L.N. MY, N.G. THANH,P.T. TAM, B. GODDEERIS, J.

VERCRUYSSE ANDP. BÜSCHER, 2000. Comparison of serological testsfor Trypanosoma evansi natural infections inwater buffaloes from north Vietnam. *Veterinary Parasitology,* **92**: 87-96.

VICKERMAN, K., 1973. O modo de fixação de T. vivax na probóscide da mosca tsé-tsé Glossin fuscipes. Um estudo ultra-estrutural da fase epimastigota do tripanossoma. *J. of **Protozology20**:394-404.*

VICKERMAN, K., 1974. Desenvolvimento de tripanossomas no hospedeiro vertebrado. Instituto de Levantamento e Medicina Veterinária dos Trópicos. *Programas de controlo do OIE para tripanossomas e seus vectores.* 179-180.

WASSINK, G. J., MOMOH, I. S., ZWART, D. E WENSING, T., 1993. The relationship between decrease in feed intake and infection with Trypanosoma congolense and T. vivax in West African Dwarf goats. *Veterinary Quarterly,* **15**(1): 5-9.

WHITELAW, D.D. GARDINER, P.R., MURRAY, M., 1988.Extravascular foci of T. vivax in goats: the central nervoussystem and aqueous huymor of the eye as potential sourceof relapse infections after chemotherapy. *Parasitology.* **97**(1): 51-61.

WITOLA, W. H. E LOVELACE, C. E., 2001. Demonstração de eritrofagocitose em cabras infectadas com Trypanosoma congolense. *Veterinary parasitology,* **96**(2): 115-126.

WOO, P.T.K., 1969. A centrífuga de hematócrito para a deteção de tripanossomas no sangue. *Can. J. 2001.* **74**:921-3.

WOO, P.T.K., 1970. A técnica de centrifugação do hematócrito para o diagnóstico da tripanossomíase africana. *Ata. Trop.***35**:384-386.

WOO, P.T.K., 1977. Salivarían Trypanosomes sub-saharanAfrica. In parasitic protozoa *J.P. Kreier,.* **1**:269-296. Academic Press. Londres.

WRIGHT, J. H., 1902. Um método rápido para a coloração diferencial de películas de sangue e parasitas da malária. *The Journal of medical research,* **7**(1): 138.

ZWART, D., PERIE, N. M., KEPPLER, A. E GOEDBLOED, E., 1973. A comparison of methods for the diagnosis of trypanosomiasis in East African domestic ruminants. *Tropical Animal Health and Production,* **5**(2): 79-86.

APÊNDICES

Produtos químicos utilizados:

i. Corante Giemsa (MERCK) 3.8g

ii. Metanol 250 ml

iii. Glicerina 250ml

iv. Água tamponada (pH 6,8-7,2)

Equipamento e aparelhos utilizados:

i. Microscópio de luz e composto

ii. Copos

iii. Agitador

iv. Banho de água

v. Balança eléctrica (Shimadzu)

vi. Cilindro de medição

vii. Frasco de Coplin

viii. Lâminas preparadas para microscópio

ix. Tubos com EDTA

Printed by Books on Demand GmbH, Norderstedt / Germany